LE PARASITE

DU MÊME AUTEUR

Le Système de Leibniz et ses modèles mathématiques, 2 vol., Presses Universitaires, 1968. Rééd. en 1 vol., 1982.

Hermès I. La communication, Editions de Minuit, 1969.

Hermès II. L'interférence, Editions de Minuit, 1972.

Hermès III. La traduction, Editions de Minuit, 1974.

Jouvences. Sur Jules Verne, Editions de Minuit, 1974.

Feux et signaux de brume. Zola, Grasset, 1975.

Esthétiques. Sur Carpaccio, Hermann, 1975. Rééd. poche, 1983.

Auguste Comte. Leçons de philosophie positive, t. I, Hermann, 1975.

Hermès IV. La distribution, Editions de Minuit, 1977.

La Naissance de la physique dans le texte de Lucrèce. Fleuves et turbulences, Editions de Minuit, 1977.

Hermès V. Le passage du Nord-Ouest, Éditions de Minuit, 1980.

Le Parasite, Grasset, 1980.

Genèse, Grasset, 1982.

Rome. Le livre des fondations, Grasset, 1983.

Détachement, Flammarion, 1983.

Détachement, Flammarion, 1983.

Les Cinq Sens, Grasset, 1985.

L'Hermaphrodite, Flammarion, 1987.

Statues, François Bourin, 1987.

Eléments d'histoire des sciences (en collaboration), Bordas, 1989.

Le Contrat naturel, François Bourin, 1990.

Le Tiers-Instruit, François Bourin, 1991.

Eclaircissements, entretiens avec Bruno Latour, François Bourin, 1992.

Les Origines de la Géométrie, Flammarion, 1993.

La Légende des Anges, Flammarion, 1993.

Atlas, Juilliard, 1994.

Eloge de la philosophie française, Fayard, 1995.

Nouvelles du monde, Flammarion, 1997.

MICHEL SERRES

LE PARASITE

HACHETTE
Littératures

Benoît Lise, à demain

CONSTRUCTION DE L'ÉCHANGE

S'imposant à un riche naïf, Tartuffe, l'imposteur, se régale à sa table, fait la cour à sa femme, tente d'épouser sa fille et de capter son héritage. Que lui rend-il en échange? Rien, sinon des singeries. La Fontaine invité chez Foucquet, Jean-Jacques couchant chez sa bonne amie... ne leur ont jamais remboursé le pain ni le toit autrement qu'en paroles. Pis, pour ces deux derniers exemples notables où fables et discours immortalisèrent le mécène, combien d'écrivaillons écorniflèrent leurs donateurs? Pique-assiette : voilà comment Diderot nomme le *Neveu de Rameau.*

Nous appelons les partenaires de cette relation abusive *hôte et parasite,* ce dernier mot désignant le convive qui mange à côté de celui qui l'invite. L'un *prend tout et ne rend rien* pendant que l'autre *donne tout et ne reçoit rien.* Certes, le premier vole ; le second donne-t-il vraiment? Et que donnent ou volent-ils, tous les deux? Comme en un *sens* unique et, à l'inverse, interdit, le canal qui les réunit et ce qu'il transporte vont toujours de l'un à l'autre, sans aucun retour.

Chacun a rencontré de telles iniquités — ressenties comme telles parce qu'elles peuvent devenir mortelles pour un hôte grugé à l'excès — bien plus souvent que les relations d'échange équilibré. Un comptage vague m'assura même naguère que, dans les cultures que je connais, les textes sur le parasite occupent beaucoup plus de pages que les descriptions d'échange.

L'analyse de cette relation, si simple qu'elle peut passer pour la plus simple, dépasse le cadre des sciences humaines : la biologie la connaît aussi. Faune et flore la font voir : bactéries, insectes et arthropodes, ainsi que le gui et certains champignons, pour la version botanique. Le vivant, parfois, hante un autre vivant et puise sa subsistance, nourriture et chauffage, dans l'organisme de son hôte qui, alors, lui donne de lui, parfois jusqu'à la mort. Le parasite, là, précède le commensal qui apporte à l'autre un avantage en retour : symbiose échangiste déjà plus complexe.

Alimentés de son sang, n'avons-nous pas, d'abord, habité ainsi le sein de notre mère ? Notre naissance se réduirait-elle à l'expulsion d'un organisme étranger que l'hôtesse, après le temps du don, ne peut plus porter ? C'est à nos enfants, plutôt, que nous rendons ce que nous avons reçu de nos parents : hôtes des premiers, parasites des seconds. Le premier élevage, le sevrage, le départ de la maison... bref, notre éducation ne consistent-ils point *à faire de nous un acteur de l'échange en nous détachant, peu à peu, de nos mœurs primordiales de parasites* ? Combien se révèle fragile cet édifice pédagogique et sociétaire, nous le voyons assez, puisqu'à la moindre occasion beaucoup se réfugient dans des conduites de dépendance, comme vers l'équilibre fondamental.

Au delà des sciences humaines et de la biologie, les sciences physiques connaissent encore cette relation. Nos langues latines appellent, en effet, parasite le bruit constant qui circule dans les canaux de communication : pas de passage sans cet obstacle, ni langage sans chicane où se risque le sens, pas de dessin sans tremblé, de dialogue sans malentendu, de canaux sans grésillements accidentels ni de nature, en somme, sans bruit de fond.

Le parasite précède toute relation de dire et de don.

Les savants s'accordent à donner à l'échange un rôle fondateur dans la constitution des sociétés humaines; entre logiciens, linguistes et anthropologues, les discussions sur cette question occupent des volumes. Quoi, en effet, de plus exact que ce transit d'hommes et de choses par où la collectivité construit ses contrats?

Or, à cette loi, qui leur paraît fondamentale, les pratiques parasitaires désobéissent pourtant, par l'institution d'un sens de parcours entre le donateur et le donataire, le long duquel transite le don : *la flèche simple de leur relation irréversible précède logiquement et engendre pratiquement la flèche double de l'échange.* La mystérieuse « loi » reconnue dans le passage des choses entre les hommes naît du risque mortel auquel les exposeraient ces relations sans réciprocité.

Répandues dans l'inerte et parmi les vivants avant les cultures, elles fonctionnent avant la formation des collectifs humains : en le niant, elles préparent l'échange, lui-même construit en dernier, pour constituer l'édifice social et culturel. Stables et permanentes, elles le fondent.

Même si, quelque vingt ans après, j'ai la tentation de lui donner un style tout autre, au moins pour être compris, ce livre de fables et d'images soutient cette thèse fondamentale sur laquelle je ne varie point parce que nous l'expérimentons tous et tous les jours comme vraie.

Michel Serres
1978-1997

Repas interrompus

Logiques

Repas de rats

La cascade

Le rat de ville invite, au tapis de Turquie. Le rat rustique est l'invité. Les deux rognent, grignotent des reliefs d'ortolans. Ces reliefs ne sont que des restes, graillons ou rogatons : le régal, le festin n'est qu'un repas d'après repas, dans l'abandon sale de la table non desservie. Le rat de ville n'a rien produit, son invitation ne lui coûte guère. Boursault le dit, dans ses *Fables d'Ésope*, où le rat citadin réside chez un gros fermier général. Huile, beurre, jambon, petit salé, fromage, tout est à discrétion. Il est facile d'inviter le cousin de la campagne, et de faire la vie aux dépens d'autrui.

Le fermier général n'a rien produit non plus, ni huile, ni jambon, ni fromage. Mais, de force ou de droit, il sait les détourner à son propre profit. Cela dit, son rat prend ses restes, il sait les détourner encore. L'invitation profite enfin au rat des champs. La fête, on le sait, tourne court. Les deux copains détalent du tapis au premier bruit entendu à la porte. Ce n'était que du bruit, mais c'était un message, comme une information qui sème la panique. Une interruption, une corruption, une rupture,

enfin, de communication. Ce bruit était-il un message, vraiment? N'était-il pas, plutôt, un parasite?
Qui, au bout du compte, a le dernier mot. Qui sème
le désordre, qui ensemence un ordre différent.
Venez donc aux champs, on n'y mange que potage,
mais à loisir, sans bruit.

Le fermier général est un parasite. Il touche des
rentes de situation. Elles sont assez grasses : festin de
roi, table à ortolans, tapis turc. Le premier rat est un
parasite. Il touche des restes de situation, reliefs
d'ortolans, sur le même tapis. Rien n'y manque, dit
La Fontaine. A la table du premier, qui est la table
du fermier, le second rat est parasite. Il se laisse
entretenir, comme on dit. Ne perd ni une occasion,
ni une bouchée. Ils interviennent tous, au sens
strict : le gabelou fait suer le bonhomme, le rat lève
l'impôt sur le fermier, l'invité exploite son hôte.
Mais, la plume me tombe des mains, le bruit, dernier
parasite, a raison, par interruption, des interventions
de ce genre. Dans la chaîne parasitaire, le dernier
venu tente de supplanter celui qui le précède. Le
bruit chasse le rat des champs, et le rat de ville
demeure, il désire achever le rôt. Un parasite donné
cherche à expulser le parasite de rang immédiatement supérieur.

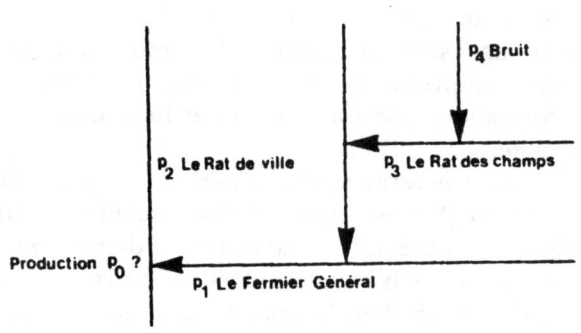

LA CASCADE
- Elle s'annule quand $p_1 = p_4$ -

Je laisse à penser le bruit formidable, la rumeur de rue, qui ferait lâcher prise au fermier général. Le craquement des ais, les ruptures de baux qui chasseraient les rats du bâtiment.

Bilan. Au commencement est la production : moulin à huile, baratte à beurre, cuisine charcutière ou buron à fromage. Encore aimerais-je savoir ce que cela veut dire, produire. Ceux qui nomment production la reproduction se rendent la tâche facile. Notre monde est plein de copistes et de répétiteurs, il les comble de fortune et de gloire. Mieux vaut interpréter que composer, mieux vaut tenir une opinion sur un partage déjà fait qu'inventer son œuvre propre. Le malheur du temps est le naufrage du nouveau dans le duplicata, le naufrage de l'intelligence dans la jouissance de l'homogène. La pro-

duction, sans doute, est rare, elle attire les parasites
qui la banalisent tout aussitôt. La production, inat-
tendue, improbable, déborde surabondamment
d'information, elle est toujours et immédiatement
parasitée.

Elle attire le fermier, que je saisis au vol, dans son
sens double. S'il est paysan, il élève vaches et veaux,
cochons et couvées, il vit de beurre et de jambon, il
mange à une table garnie d'autres espèces, il lui
arrive de dormir dans la grange, sur le fumier, entre
les bêtes, il n'est pas destructeur de choses non
renouvelables, comme un vulgaire industriel, mais il
vit des enfants nouveaux de la vie. L'industrie pille
sans retour, chasse des proies à corps perdu. Ce fer-
mier-là entretient les matrices. Est-il un parasite ? S'il
est un percepteur, ou un intercepteur, il détourne
partie des flux produits par d'autres, à son profit, ou
au profit d'une instance qu'il désigne avec quelque
respect, d'où son nom propre d'imposteur. Sa table
est garnie des fromages, jambon, petit salé, ou
beurre, produits par le premier fermier. Cela se
renouvelle autant que l'histoire, celle-ci n'a jamais
manqué de parasites politiques. Elle en regorge, elle
n'est peut-être qu'eux. La table est servie, chez les
parasites.

Elle attire les rats. Du coup, l'un invite l'autre. Il
ne viendrait pas à l'esprit ni de Bertrand, ni de
Raton, de manger, simplement, tous les deux, les
marrons. Ils se rangent à la queue leu leu, singe derrière chat, ici le rustique dans le dos du bourgeois.
D'où la chaîne de mes décisions, unitaires. L'invité,
quoique rat, est un parasite pour l'anthropologie,
invité d'un festin ou d'un banquet interrompu,

comme le fut celui de Pierre, à l'époque de dom Juan, comme le fut celui de Pierre, à l'époque de Judas et Jean. Parasite au sens du repas, de la satire et de la comédie, au sens de Molière, de Plaute et de Xénophon, au sens de l'histoire des religions. L'invitant ne l'est pas en ce sens, mais pour vivre dans les murs, dans les draps, dans le garde-manger du fermier, je le répute parasite au sens de la biologie, comme un vulgaire pou, un ténia, le gui, un épiphyte. J'élargis le corps du milieu, je reviendrai sur la question. Si l'hôte est percepteur, je le répute parasite au sens politique, au sens où le groupe humain s'organise en relations à sens unique, où l'un mange de l'autre sans que l'autre puisse rien tirer du premier. L'échange n'est pas principal, ni originel, ni fondamental, je ne sais comment dire : le rapport en flèche simple irréversible, sans retour, prend sa place. L'homme est un pou pour l'homme. L'homme donc est un hôte pour l'homme. Le flux va dans un sens, jamais dans l'autre. J'appelle parasitaire cette semi-conduction, cette valve, cette flèche simple, cette relation sans inversion de sens. Si l'hôte, enfin, est agriculteur, je le répute parasite au sens économique, La Fontaine m'explique plus loin ce point-là. Que donne l'homme à la vache, à l'arbre, ou au bœuf, qui lui donnent le lait, la chaleur, l'habitat, le travail et la viande ? Que donne-t-il ? La mort.

Le système construit à partir d'une production, pour le moment placée dans une boîte noire, est parasitaire en cascade. Or celle-ci ordonne des savoirs, sciences de l'homme et sciences de la vie, elle nous fait changer de langue sans changer d'objectif. C'est une randonnée intéressante, au sens que je donnerai à ce mot. Nous allons parcourir, pour comprendre une seule chose, des paysages différents, plusieurs épistémologies. Peut-être faudra-t-il parler à plusieurs voix. Ce langage à maintes entrées, je l'appelle philosophique.

Ce n'est pas tout. Une morale paysanne veut, en fin de fable, que le premier de cette chaîne soit exclu. Il ne reviendra plus aux lieux de gloire où festoient le bourgeois et le riche fermier, en cet espace de terreur et d'exploitation sans retour. Il ne veut ou ne peut, selon. Il n'est pas à l'aise quand l'angoisse règne. Il repart, courir la rase campagne, dans la paix des champs, rejoindre Horace, qui l'attend. Qui l'expulse? Le bruit. Un parasite chasse l'autre. Un parasite au sens de la théorie de l'information en chasse un autre au sens de l'anthropologie. La théorie des communications est la maîtresse du système, elle peut le démonter, au signal convenu, elle peut le laisser fonctionner. Ce parasite l'est au sens de la physique, acoustique ou informatique, au sens de l'ordre et du désordre, nouvelle voix, et d'importance, à jeter dans le contrepoint.

Arrêtons un moment. J'emploie ici des mots déviés un peu de leur sens usuel. Pour la science dite parasitologie, un rat, un charognard comme l'hyène, un homme, paysan ou haut fonctionnaire, ne sont aucunement des parasites. Ils sont des prédateurs, tout bonnement. La relation avec un hôte suppose un contact permanent ou quasi permanent avec lui, comme font le ténia, le pou, le *pasteurella pestis*. Non pas seulement vivre de, mais aussi vivre dans. Par lui, avec lui et en lui. Il ne faut pas être volumineux pour réussir cela. Ainsi, le parasitisme n'est-il que des invertébrés, il s'arrête aux mollusques, aux insectes et aux arthropodes. Il n'y a pas de mammifères parasites. Ni le rat, ni l'hyène, même pas l'administrateur.

Réponse. Le lexique de base de cette science exacte est issu, on le sait, d'us et coutumes si archaïques et si courants que les tout premiers monuments de notre culture, au moins, les relatent déjà et que nous les observons, pour partie, encore : hospitalité, convivialité, manières de couchage et de table, rapports généraux avec l'étranger. Ce vocabulaire est donc importé, il garde quelques traces d'anthropomorphisme. L'animal hôte offre à dîner, sur ses réserves ou sur sa vie ; hôtel, il offre à dormir en quelque façon, gracieusement, cela va sans dire.

Ces coutumes et ces manières peuvent faire l'objet d'une anthropologie, elles faisaient jadis les délices d'une lecture oisive, quand existait une littérature. Celle-ci faisait voir, même aux aveugles, une anthropologie figurée, instructive, légère et profonde, sans théorie, sans lourdeur, sans ennui, intelligente. Pourquoi faut-il payer par du plomb ce qu'on avait, moyennant de la plume ? Cette façon d'être savant était enchanteresse. Puisse notre science en venir enfin là, hors l'instinct de mort. Le bon Horace, donc, ou La Fontaine mettent à table un rat chez un rat, jamais un pou chez un ténia, jamais un ver dans un duodénum. L'importation n'a pas le même but, elle a pourtant le même sens; elle va de l'homme à l'animal, mais elle ne touche pas les mêmes bêtes. L'anthropomorphisme de la fable est le même que celui de la science, à quelques classes près.

Deux flèches partent d'une source commune et parviennent en deux points différents. Je ferme simplement ce triangle.

Parasiter veut dire : manger à côté de. Partons de ce sens littéral. Le rat des champs est invité par son collègue villageois qui lui offre à souper. L'essentiel, dira-t-on, est leur relation, ressemblance ou différence. Mais cela ne suffit pas, n'a jamais suffi. Le rapport d'invité, bientôt, n'est plus simple. Donner ou recevoir, sur la nappe ou sur le tapis, passe par une boîte noire. Je ne sais pas ce qui s'y passe, mais elle fonctionne vite comme un redresseur. L'échange n'a pas lieu, il n'aura jamais lieu. L'abus paraît, même avant l'us, il faudra dire abus et coutumes. Doué de je ne sais quel génie, celui qui mange à côté de, mange sous peu aux dépens de, mange aussitôt toujours du même, s'installe, et le même donne toujours, jusqu'à l'épuisement, parfois jusqu'à la mort, drogué d'une sorte de fascination. Celui-ci n'est pas une proie, puisqu'il offre et qu'il continue à donner. Il n'est pas une proie, il est l'hôte. L'autre n'est pas un prédateur, il n'a pas cessé d'être parasite. Diriez-vous du téton qu'il est la proie de l'enfançon? Il est

son quasi-habitacle. Or cette relation est simplicissi-
male, il ne saurait en exister de plus simple et facile :
elle va toujours dans le même sens. Le même est
l'hôte, le même prend et mange, sans que jamais on
ne voie de retour. Cela est vrai du pou comme des
hommes.

Je tends donc à fermer le triangle, je vais donner
raison à la science plutôt qu'à la fable. L'intuition du
parasitologue l'amène à importer une relation très
courante, si claire et si distincte que nous la
reconnaissons pour la plus simple, des manières
sociales vers les mœurs de petits animaux. Je propose
un moment qu'on rebrousse chemin, qu'on
remonte de ces mœurs vers lesdites manières, qu'on
renverse l'anthropomorphisme. Nous avons fait le
pou à notre image, qu'il nous le rende bien.

L'intuition du poète aux rats, celle du philosophe
aussi, quand il célèbre l'aigle et l'agneau, les
amènent à importer une relation très courante
parmi les mammifères et les vertébrés, celle de la
chasse et de la prédation, vers les us et coutumes
humains. L'homme serait ainsi un loup pour
l'homme, un aigle pour l'agneau, ou un rat pour un
rat. Tout beau, la chose est rare. J'en ai peu vu qui
aient la vaillance du rat, le courage du loup, la
noblesse de l'aigle. Je parle par figures à ceux qui
parlent par figures, nous ne savons pas ce que nous
disons. Nous sommes dans un labyrinthe d'images,
nous ne nous délivrerons jamais de ces illusions.
Laissons donc le théâtre des représentations qui ne
prend son sérieux qu'au tragique des métamor-

phoses dans l'insoutenable horreur du devenir-rat.
Brisons là, j'ai trop vu cela. Revenons à nos écrivains.
Curieusement, les mœurs de ces loup, renard, lion,
singe ou chat, rat, ne sont jamais, dans les récits, ou
rarement, des manières de prédateurs, elles sont
presque toujours des relations parasitaires. Sous couvert de l'attaque, du vol, de la force, sous le masque
des grandes bêtes, le rapport simple du convive abusif reparaît. Le parasitologue parle, irrépressible-
ment, sous l'apologue. C'est que l'essentiel n'est
jamais l'image ni son plein de sens, la représentation
ni ses jeux de miroirs, l'essentiel reste le système des
rapports. Il est toujours celui de l'hôte à l'hôte. La
volonté de mimer celui qui joue entre les hommes
ramène au parasitisme. Du coup, le littérateur se
trouve d'accord avec le savant, et avec l'intuition qui
enchante ce livre. Bien sûr, nous allons raconter les
rats, les serpents ou les lièvres, bien entendu, aucune
de ces bêtes n'est assimilable, pour ses mœurs, au
ténia ou au pou, et cependant il ne sera jamais question que du *Parasitique.*
    Le triangle est fermé. En chacun des sommets, par
récit ou par science, par science humaine ou biolo-
gique, une seule relation paraît, la simple flèche irréversible.

    On a pu dresser la liste des coups portés au narcis-
sisme humain. Que le centre du monde soit transporté de la terre au soleil est un coup objectif. Que
la révolution copernicienne soit transportée dans
l'intellect, l'âme claire ou ombreuse, le travail et
l'économie, ce triple coup est subjectif. Notre objet

majeur se décentre, le sujet se décentre à son tour, et trois fois. La philosophie n'est jamais sortie du rapport du sujet à l'objet.

La relation parasitaire est intersubjective. Elle est l'atome de nos relations. Essayons de voir cela face à face, comme la mort et le soleil. Ce coup nous atteint tous ensemble.

Quel est donc ce bruit soudain, hasardeux, à la porte, qui m'empêche toujours de finir et me conduit à d'autres gestes?

Je dois mettre ensemble trois choses, des habitudes ou des mœurs, des animaux, des bruits. Au premier abord, elles sont sans rapport. Je ne les rassemble pas cependant par caprice. Ma langue l'impose, ma langue latine, grecque, romane. En ce lieu culturel un peu flou, un parasite est un invité abusif, un animal inévitable, une rupture de message. Ce voisinage n'existe pas dans certaines langues anglo-saxonnes, où le bruit dans un canal de communication quitte cette aire sémantique. Il est vrai qu'il existe des groupes, devenus dominants, pour qui la conversation échangée à table n'est point un art de vivre, n'est plus un art du tout, n'a jamais été une référence.

La raison de langue n'est pas suffisante; une aire sémantique n'est pas un concept, c'est un ensemble flou, je l'ai dit, un espace de jeu, quelquefois pour

un jeu de mots. Il a du sens, c'est inévitable, il a du
jeu, c'est évident. Une raison plus forte est la tradi-
tion qui le porte. Comment peut-il se faire que cette
fable, si simple et si commune, associe, pour les rats,
la manière de table, une figure d'animalité (préda-
trice, je l'accorde), et le bruit d'intervention ou
d'interception? Il n'y est pas fait mention du parasitisme, en fait il ne s'agit que de cela. Or cette
constellation est une constante. Nous aurons à le
voir, elle se retrouve partout, de la fable à l'histoire,
de la comédie à la philosophie, de l'imaginaire au
savant. Ulysse le rusé sort de l'antre du cyclope
accroché sous le ventre du bélier, comme un habi-
tant de sa longue laine, il festine chez Alkinoos en
payant le banquet de ses histoires édifiantes, il doit
se délivrer du chant des Sirènes, il élimine, pour
finir, de son arc, ceux qu'on nomme les prétendants,
qui se conduisent, à leur tour, comme des parasites...
L'un de nos premiers textes pourrait avoir pour
titre, et il a pour sujet, notre titre et notre sujet. Peut-
être écrirai-je, encore, une odyssée. A cet égard,
combien l'ont récrite, en l'espérant ou malgré eux?
On en verra bientôt la suite impressionnante, sans
que j'aie pu en achever le compte. Ce qui ne parais-
sait qu'un jeu de mots a pris de la compacité, finit
par faire cohérence. Voici un tributaire colossal de
notre propre histoire, nous allons nous étonner de
ne l'avoir pas plus tôt reconnu.

Le mot, l'histoire ne sont que du papier. Mais
l'expérience enfin, l'expérience surtout, la souf-
france. Ouvrir les yeux et les oreilles, ouvrir sa porte,
ouvrir sa table, ouvrir sa tolérance, offrir son feu, sa
production. Ouvrir ce que, le plus souvent, les philo-

sophes cherchent à clore. Sauf, justement, la bouche. Donner ce qu'ils retiennent. Alors? Alors, le bruit pour les oreilles, la conduite stéréotypée dans les yeux, et la foule, en chaîne, vide la table. Cette manducation produit une rumeur dans le nuage organisé de ceux que je ne puis que nommer parasites.

Mon ami parasitologue, à la porte, insiste à nouveau. Nous ne vivons jamais dans les bêtes que nous mangeons, dit-il. Voire.

Il m'objecte ceci, je crois bien, que toute bête parasite vit, mange, fructifie, se reproduit dans le corps de son hôte, et que les hommes, que je dis partout parasites, ne sont jamais, à ce qu'on sache, à l'intérieur d'une autre bête. Sauf du gros animal, du 666, du Léviathan. D'où l'on revient au prédateur, à la chasse et ainsi de suite.

D'abord, la chasse est intenable. Je n'ai jamais trouvé de groupe d'hommes qui n'aille pas au bout, à l'extrême de ses pratiques. Le dépeuplement des proies est immédiat, brutal, foudroyant. Je veux bien qu'on ait commencé par la chasse, mais alors ce stade premier, comme ces fameuses premières secondes ou fractions plus courtes encore de l'univers physique, a été si bref, si borné, qu'il ne vaut pas la peine d'en parler. Dès l'ouverture, à l'aube, il n'y a plus de proies.

Notre rapport aux bêtes est plus intéressant, je veux dire aux bêtes que nous mangeons. Nous nous délectons du veau, de l'agneau, du bœuf, de l'antilope, du faisan ou du coq de bruyère, mais nous ne laissons pas leur dépouille pourrir. Nous nous vêtons de cuir, nous nous parons de plumes. Nous dévorons le canard, comme les Chinois, sans en gaspiller une miette, ou le porc, comme chez nous, sans en omettre la queue ni l'oreille, mais nous entrons dans leur peau même, dans leur plumage ou dans leurs soies. Les hommes vêtus vivent à l'intérieur des animaux qu'ils ont vidés à belles dents. Je le dirai encore des plantes. Nous mangeons le riz, le blé, ou la pomme, la divine aubergine ou le pissenlit tendre, mais nous tissons la soie, le lin ou le coton, nous habitons la flore tout autant que la faune. Nous sommes parasites, donc nous nous vêtons. Donc nous habitons des tentes de peau, comme nos dieux leurs tabernacles. Voyez-le habillé, paré, magnifique, il fait voir, il faisait voir surtout, la carapace propre de son hôte. Du parasite mou, on ne voit plus que le visage glabre et les mains, quelquefois, ôtés les gants de pécari.

Nous parasitons nos semblables et nous vivons au milieu d'eux. Autant dire vraiment qu'ils constituent notre milieu. Nous vivons dans cette boîte noire qu'on nomme collectif, nous vivons par elle, d'elle et en elle. Il est arrivé qu'on lui donne la forme d'une bête, et que l'on nomme cette bête : Léviathan ou gros animal. Nous sommes bien dans quelque chose de bestial; en termes distingués, elle est dite un modèle organique du sociétaire. Est-ce notre hôte?

Je ne sais. Mais je sais que nous sommes dedans. Et qu'il y fait noir.

Hôtes et parasites. Nous vivons, en ville ou aux champs, dans l'espace des deux rats. Leur festin fabuleux est ce livre, déjà. Livre d'oreille et de bouche, de famine et de meurtres, de savoirs, d'asservissements. Dans la fable comme ici, la question est de physique, de certaines sciences exactes, de certaines techniques de télécommunications, elle est de biophysique et de certaines sciences de la vie, parasitologie ou autres, elle est de culture et d'anthropologie, religions et littératures, elle est de politique, elle est d'économie. Je ne suis pas encore sûr de l'ordre où ces distinctions apparaissent, en fait. Mais La Fontaine dut les faire, tout comme ici, tout comme Ésope, Horace, Boursault. En une autre langue, qu'importe.

Des stations, des chemins font ensemble un système. Des points et des lignes, des êtres et des relations. On peut s'intéresser à la construction du système, au nombre, à la disposition de ces stations, de ces chemins. On peut s'intéresser aussi au flux de communication qui passe par ces lignes. Autrement dit, on peut avoir décrit formellement un système complexe, par exemple celui de Leibniz, puis un système en général. On peut avoir saisi ce qui transite en eux et nommer ce transport du nom propre d'Hermès. On peut avoir cherché leur formation et leur distribution, leurs frontières, leurs bords et leurs formes. Il faut pourtant écrire des interceptions, des accidents du flux, en chemin, entre les stations, de ses changements et métamorphoses. Ce qui passe peut être un message, des parasites l'empêchent d'être ouï, et, parfois, émis. Comme un trou dans un canal fait que l'eau se répand dans l'espace alentour. Il y a des fuites et des pertes, des obstacles, des opacités. Les portes, les fenêtres se ferment, Hermès peut mourir ou s'évanouir entre nous. Un ange passe. Qui a volé la relation? Peut-être quelqu'un, au milieu, la détourne-t-il. Existe-t-il un troisième homme? Il n'est pas question que du logiciel. Ce qui passe dans le chemin peut être de l'argent, de l'or ou des marchandises, de la nourriture, bref, du matériel. Il ne faut pas grande expérience pour savoir qu'ils n'arrivent pas si facilement à destination. Qu'il y a partout des intercepteurs qui travaillent à grands frais à détourner, à dévier ce qui transite au long des chemins. Le parasitisme est le nom donné le plus souvent à ces nombreuses et diverses activités, dont je crains fort qu'elles constituent la chose du monde la plus commune.

Il faut parler de Prométhée du point de vue de l'aigle. Prométhée ne fait qu'un avec ce rapace qui a fini, peut-être, en bout d'évolution, par faire son nid dans la cage thoracique du producteur, enchaîné, dévoré.

C'est parler froid et clair que de dire de ce système qu'il figure le téléphone, le télégraphe ou la télévision, le réseau routier ou ferré ou celui des voies navigables, la circulation des satellites, des messages ou des produits miniers, du langage ou des pâtes alimentaires, de la monnaie ou de la théorie philosophique, c'est parler froid et clair que de chercher qui intercepte ces différents flux. C'est parler compliqué, mais c'est parler facile. Je vais résoudre la question, car elle est résoluble.

Et si le système en question était le collectif comme tel ? Quelles relations avons-nous réellement les uns avec les autres ? Comment vivons-nous ensemble ? Quel est donc ce système qui s'effondre au moindre bruit ? Qui fait ce bruit ? Qui m'empêche d'entendre qui, de manger avec qui, de coucher avec qui ? Comment aimer, qui dois-je aimer ? Qui puis-je aimer, qui va m'aimer ? Qui interdit d'aimer ?

Ce bruit, est-ce identiquement le collectif, la rumeur qui sort de sa boîte noire ?

Reprenez le schéma inspiré des rats et la suite des parasites branchés l'un sur l'autre, et demandez-vous s'il est surajouté à un système, comme cancer d'interceptions, fuites, pertes, trous, pertuis, bref s'il est une excroissance pathologique d'une région quelconque ou s'il est simplement le système lui-même. Les rats montent sur le tapis quand les invités ont tourné le dos, lorsque les lampes sont éteintes, quand le silence de la fête s'est fait. C'est la nuit, le noir. Ce qui se passe alors serait l'envers obscur de l'organisation consciente et claire, ce qui se passe

dans son dos, les plaques sombres du système. Or
comment désigner ces processus nocturnes? Sont-ils
maladifs ou constitutifs? Sont-ils l'exception ou sont-
ils la genèse? Ce qui se passe en bas la nuit, sur le
tapis où traînent les miettes, est-ce une trace, encore
active, d'origine? Ou est-ce seulement une marge
restante des suppressions manquées? On peut sans
doute en décider : la bataille contre les rats est perdue, il n'y a pas de maison, de bateau, de palais, qui
n'en ait son lot ou son pourcentage. Il n'y a pas de
système sans parasite. Cette constante est une loi :
comment l'est-elle, c'est la question.

    Quelqu'un a comparé l'entreprise cartésienne à
l'action de cet homme qui met le feu à sa maison
pour entendre, la nuit, les rats dans son grenier. Ces
bruits de course, de galop, de ronge et de grignote,
qui interrompent le sommeil. Je veux dormir tout à
loisir. Adieu donc. Fi du bâtir que des rats viennent
corrompre. Je veux penser sans erreur, communi-
quer sans parasite. Je boute donc le feu à la maison
de mes ancêtres. Cela fait proprement, je
reconstruis, sans rat. Il faudrait pour cela que,
maçon, je travaille sans jamais dormir, justement.
Que, jamais, je ne tourne le dos, ni ne m'absente, ni
ne mange. Or, la nuit, reviennent les rats, sur les fondations et le casse-croûte. La méditation que je fis
hier... je me suis tellement accoutumé ces jours pas-
sés... que fîtes-vous entretemps? Vous dormiez, ne
vous déplaise, vous mangiez, vous rêviez, vous aimiez,
ou tout autre chose. Eh bien, les rats sont revenus. Ils

sont, comme on dit, toujours déjà là. Ils sont du bâtiment. L'erreur, le tremblé, le confus, l'obscur sont
de la connaissance, le bruit est de la communication,
il est de la maison. Mais, plus encore, est-il la maison
elle-même ?

Un système est décrit souvent comme une harmonie. Peut-être est-ce le même mot, comme la même
chose. De fait, à quoi bon discourir, à quoi bon
s'occuper d'un système sans équilibre ni fonctionnement ? Pourtant, nous ne connaissons pas de système
qui fonctionne à la perfection, c'est-à-dire sans
pertes, sans fuites, sans usure, sans erreurs, sans
accident, sans opacité. Dont le rendement soit égal à
un, où l'écoute soit maximale, et ainsi de suite.
Même le monde n'est sans doute pas complètement
fiable. Cet écart fluctuant à l'égalité, à l'accord exact,
c'est l'histoire. Tout se passe comme si la proposi-
tion suivante était vraie : ça marche parce que ça ne
marche pas. Cela doit choquer le vieux rationalisme,
sans doute, mais les rationalistes de la génération qui
me précède ont avec la raison le même rapport que
des bigots vieillis entretiennent avec la vertu. C'était
de la morale beaucoup plus que de la recherche, de
la stratégie sociale plus qu'intellectuelle. C'était, je
crois, un certain rapport avec la propreté : cependant, où mettre le sale ? La fluctuation, le désordre,
l'opacité, le bruit ne sont pas, ne sont plus échecs à
la raison, nous ne parlons plus de cette raison, nous
ne dessinons plus des partages en -ismes, puzzles
simples et raides, cartes de stratégie pour la dernière

guerre. Donc un système a des rapports intéressants
à ce qu'on jugeait être ses ratés ou ses tares. Quoi
donc au sujet de ses bruits, de ses parasites? Peut-on
récrire un système, au sens de Leibniz, non plus dans
la tonalité de l'harmonie préétablie, mais de ce qu'il
nommait les accords de septième? non plus dans la
vue de cet équilibre qu'il aimait à citer, mais de ses
tremblements et de ses écarts sur le fil? non plus
dans le goût des plaisirs exacts de la sapidité, c'est-à-
dire de la sapience, mais dans l'acide, dans l'amer
des astringences? Sur l'autre versant de la *Théodicée*,
où l'harmonie, rare, ferait question. Le système classique remplit aussitôt ces écarts, réputés accroître
l'enchantement des accords parfaits de leur différen-
tielle. Ainsi le rationnel ressemble à celui des
nombres. Or, il lui ressemble, en effet : l'irrationnel
y conserve infiniment ses écarts sans cesser d'être
mathématique. Bref. Le livre des écarts, du bruit et
du désordre ne serait le livre du mal que pour celui
qui défendrait un Dieu auteur, par le calcul, d'un
monde immarcesciblement fiable. Il n'en est pas
ainsi. L'écart est de la chose même et peut-être la
produit-il. Peut-être l'origine radicale des choses est-
elle cela même que le rationalisme classique jetait
aux enfers. Au commencement est le bruit.

Faut-il reconstruire la fable des rats dans le sens
inverse? A la porte de la salle, ils entendirent du
bruit...

Le bruit pourtant a un sujet, celui qui fait du bruit,
dans la fable. Hors de doute que ce soit le fermier, le

parasité. Il était parmi les premiers, sur la chaîne, il
était donc écorniflé dans le dos. Éveillé par le bruit
des rats qui rognent et qui rongent, il ouvre brusque-
ment la porte. Du coup, il saute dans le dos de ceux
qui mangeaient dans son dos, et les chasse. Le parasité parasite les parasites. Il était dans les premiers, il
saute à la dernière place. Or celui qui se place dans
le dos de tous gagne à ce jeu, comme à beaucoup de
jeux.

Il a découvert la place du philosophe.

Qui est l'hôte? Le premier rat pour le second, le
dormeur inquiet pour les rats qui le grugent, les
imposés pour l'imposteur (j'entends le fermier, celui
qui collecte l'impôt) et ainsi au long de la chaîne.
L'hôte est au rang devant, le parasite est dans son
dos, derrière lui, un peu dans son ombre ou sa
méconnaissance noire. L'hôte est antécédent et le
parasite succède. Ainsi pour tout système où nous
mangeons d'autrui, où nous parlons de lui.

Qui est le parasite, ici, qui est l'interrupteur?
Est-ce le bruit, craquement de plancher ou grince-
ment de porte? Certes. Il détruit la partie, le système
s'effondre. Qu'il cesse et tout revient, se reforme, le
repas reprend. Imaginez un nouveau craquement, la
chaîne casse encore et tout s'évanouit dans la fuite
éperdue. Le bruit supprime le système temporaire-
ment, il le fait osciller, indéfiniment. Pour l'annuler,
il faudrait un signal qui ne cesse pas; il ne serait plus
alors un signal du tout, et tout reprendrait, plus allé-
grement qu'à l'accoutumée. Théorème : le bruit sus-

cite un système nouveau, un ordre plus complexe que la simple chaîne. Ce parasite-là interrompt à première vue, il consolide à la seconde. Il habitue le rat des villes, le vaccine, le mithridatise. La ville fait du bruit, mais le bruit fait la ville.

Qui est donc l'interrupteur vrai? C'est le rat des champs. Faute d'être rompu à ces appels, à ces inquiétudes, à ces écarts au repos, il coupe le système, en définitive. Il peut vivre sur des chaînes toutes simples et faciles, mais il a horreur du complexe. Il ne comprend pas que le hasard, le risque, l'anxiété, le désordre même puissent consolider un système. Il ne se fie qu'aux relations causales simples et grossières, il croit que le désordre détruit l'ordre, toujours. Il est rationaliste, au sens de naguère. Combien, autour de nous, de ces rats politiques mal dégrossis? Combien cassent des choses qu'ils ne saisissent pas? Combien d'entre ces rats simplifient, bêtifient? Combien a-t-on construit de tels systèmes homogènes, cruels, sur l'horreur du désordre et du bruit?

Bientôt la question se généralise : tel parasite est responsable de la croissance du système en complexité, tel parasite le supprime. Et l'autre question continue : sommes-nous ici dans la pathologie des systèmes ou dans leur émergence et leur évolution?

L'un des rats se retire aux champs. Nous y allons aussi.

Repas de satyres
L'hôte double

Les satyres, tout le monde le sait, ont une queue et deux pattes de bouc. Et ce n'est pas rien d'être un bouc, ne fût-ce qu'à demi, ne fût-ce qu'à l'arrière. Ces êtres dangereux habitent les forêts où ils accompagnent Pan, fils d'Hermès, seigneur de la panique, mère de toutes choses, le prince de la peur et des totalités. Ils habitent, sauvages, des antres.

D'avoir suivi le cortège de Dionysos ou poursuivi, le nez au vent, des nymphes, ils reviennent à la maison, éreintés, pour souper, bonnement, au milieu de femme et d'enfants, sur la mousse. On les voit peu ainsi, en bourgeois, comme les montre La Fontaine, photo de famille, à table. Les satyres, aussi, finissent par penser à manger. Sans tapis ni housse, ni tapis de Turquie, nous voici, justement, revenus aux champs. La crainte peut-elle corrompre un antre sauvage ?

Il pleut, entre un passant, voici le repas interrompu encore. Suspendu, mais peu, puisque le voyageur est aussitôt convié. Son hôte n'eut pas la peine de le semondre deux fois. Il accepte et s'assoit devant son écuelle. Où l'hôte est le satyre, attablé

chez lui, et qui donne. Il interpelle ce passant, lui
disant : notre hôte, à quoi bon ceci ? Où l'hôte est
l'étranger, l'interrupteur, qui reçoit le potage et
consent. L'hôte donne et reçoit, offre et accepte,
convie, invite, est invité, convié, il est le maître et le
passant. Le voyageur, le casanier, le fixe et le mobile,
client et tenancier de l'hôtellerie, d'ici, d'ailleurs ; de
la ville et des champs, par exemple. L'hôte est l'objet
aussi, on ne peut voir dans l'échange du mot où est
l'échange de la chose. Terme invariant par passation
du don. Cela peut être dangereux de ne pas décider
qui est l'hôte, qui donne et qui reçoit, qui est le parasite et de qui est la table, qui a le don et qui a le dommage, et où l'hostilité commence à l'intérieur de
l'hospitalité. Qui n'a tremblé de peur dans un hôtel
borgne ? Borgne pour ne pas savoir éclairer les deux
sens, ni les voir. On aime savoir où on met les pieds.
Même mot actif et passif, d'outrage et de bonté, de
haine et de bénignité. Mot qui souffle, de la même
bouche, l'invitant et l'invité, celui qui a les pieds au
feu et le passant morfondu de la pluie, mot qui
souffle, par exemple, et le chaud et le froid. Tout
s'explique, si l'on peut dire.

L'hôte donc refroidit le potage et réchauffe sa
main, l'hôte convie le voyageur et le renvoie, l'invite
à entrer, à s'asseoir, à manger, l'oblige tout soudain
à reprendre la route, crie arrière, ne couchez pas.
L'hôte souffle double, l'hôte parle double. Je ne sais
qui est le satyre, je ne sais qui est le passant. Tous
deux sont hôte, assurément. Et d'une seule bouche
soufflent et disent oui et non. De plus, le voyageur
interrompt le repas de son hôte, de plus le satyre,
étonné, interrompt le repas du sien. Qui a soufflé

sur le potage, qui a dit, mais n'a pas mangé. Les deux rats, ici, se ressemblent, je ne serais pas étonné que le manteau ruisselant du passant cache sa queue et ses pattes de bouc. Exclu avant même de parasiter le satyre.

Mais l'exclu, tout à l'heure, allait en paix dans l'espace rustique, tandis que celui-ci repart sous la pluie, dont on ne dit jamais qu'elle cesse et qui tambourine son bruit sur le même toit des deux hôtes. Elle avait, elle aussi, interrompu un processus : un voyage. Et de ce bruit s'ensuit l'histoire. Hôtes et parasites sont toujours en train de passer, renvoyés, randonneurs, promeneurs solitaires. Ils échangent leur rôle dans un espace à définir.

Il y a des taches noires dans la langue. L'aire de l'hôte est une telle flaque sombre. Dans la logique de l'échange ou plutôt en son lieu, il cache de son mieux qui est le récepteur et qui est l'émetteur, qui veut la guerre et qui offre la paix de son gîte. Dans l'antre du satyre, l'hôte interrompt son hôte, et c'est encore un théorème noir. Ou la somme non nulle de deux choses de signe contraire et de même module. Nous l'avons déjà rencontrée tout à l'heure, cette ombre un peu plus générale : nous ne savons pas ce qui est du système et qui le constitue, ce qui est contre le système, l'interrompt et le met en péril. Si le schéma des rats est générateur ou bien corrupteur.

Rendements décroissants
L'obscur et le confus

Soit une chose noire, un processus obscur, ou un nuage confus de signaux, ce qu'on appellera, bientôt, un problème. Nous intervenons pour l'éclairer, le définir, l'amener enfin à simplicité. Quelqu'un vient seul, d'abord, en ces parages, mains nues et tête nue. Il ouvre la boîte noire, la boîte de Pandore, à tout don. Attirés par une telle source, d'autres le rejoignent et rangent ce chantier, ils amènent de la lumière, du matériel, de la documentation, la sophistication croissante des moyens et l'organisation de plus en plus complexe de leur groupe. Deux choses.

Dans les débuts, l'investissement est minime et ce qu'on tire de la boîte est merveilleux. Les plus grands résultats pour la plus petite dépense. Enivrante extase de l'inventeur, sous le mépris et la risée. L'histoire, alors, prend ses droits, ils sont toujours et partout les mêmes. La charge croît, le fruit décroît. Des légions de chercheurs supérieurement équipés ne trouvent plus que miettes et fragments. Le premier berger met la main sur le trésor de manuscrits, dans la grotte, ils sont cent mille, maintenant, avec l'électronique et les relations internationales, à grappiller des atomes de lettres, rares, éparses, insensées. Un solitaire promeneur, sous le pommier, dit la loi du monde, il laisse quelques marginales bribes à l'innombrable queue de sa suite. Théorème : l'histoire des sciences obéit à la loi des rendements décroissants. Premier coup porté au narcissisme scientiste. Cette loi n'était pas visible tant que nous prétendions travailler des ensembles hypercomplexes : le monde, l'organisation du vivant... qui dépassaient toujours, en information, les moyens de la connaissance. Le partage aigu des spécialités renverse la situation, et la règle paraît, simple et sans paradoxe. Son bénéfice est néanmoins de donner à manger à un groupe considérable qui, parfois, va noyer, de son bruit et de ses clameurs, la principale question. La relation directe à l'objet, au problème, s'efface lentement au profit des rapports internes du groupe. L'idéalisme collectif marque l'extrême fin de la décroissance. Ailleurs, la reprise, par cet autre, tête nue... La transformation des choses et du monde est, à son tour, objet de science.

Deuxièmement : si nous examinons l'ensemble composé du problème et des actions qui le transforment, il n'est pas douteux qu'il soit plus complexe que la chose même ou le processus, au départ. Plus clair peut-être, plus compliqué pourtant. On peut alors réexaminer la question et tenter d'éclairer cette complexité nouvelle, peut-être la transformer. Nous formons ainsi un ensemble... cette chaîne paraît n'avoir pas de fin. Les stratégies d'intervention, l'interruption du processus ou de la chose, l'observation qui cherche à clarifier, le bombardement de photons, l'association inséparable des

connaissants et des connus font croître la complexité
dont le coût monte, verticalement. Un nouvel obscur
s'accumule en des lieux inattendus de la tension vers
la clarté, nous cherchons à le déloger, cela ne peut
se faire qu'à des prix grandissants et au prix d'un
nouvel obscur, plus noir d'un nouvel ordre d'ombre.
Chassez le parasite, il revient au galop, accompagné,
tels les démons de l'exorcisme, par mille congénères
plus féroces et plus affamés que lui, rugissants. Ai-je
décrit la maille élémentaire d'un système de la
connaissance, ou sa pathologie? Je ne sais. En tout
cas, cela donne du travail, cela donne à manger, en
conséquence. Les parasites chassent les parasites,
selon la loi du clou. Deuxième coup porté au narcissisme des scientistes, l'ombre portée par le savoir
s'accroît d'un ordre, à chaque tour de réflexion.
Peut-on se passer désormais d'une épistémologie
parasite?

Revenons à l'échange, et à son équilibre. Je suppose qu'au voisinage de l'aire occupée par l'hôte,
nous sommes assez proches de l'équilibre : à sa
gauche et à sa droite, dans son haut et dans son bas.
Une simple fluctuation, une étincelle de hasard, une
circonstance, un bruit, la pluie, le craquement du
plancher, de la porte, renverse le système cap pour
cap, et l'hôte y change de fonction. Le bruit, le
hasard, la pluie, la circonstance ont produit un nouveau système, qui, dans ce cas, est inverse ou contra-
dictoire, mais qui, en général, peut être différent de
l'étendue même du ciel, par rapport à celui qui fut

interrompu. Cette logique est nouvelle et forte. Elle nous dispense du dépassement, dont on ne voit jamais l'emploi, sauf justement néguentropique, et nous libère enfin des chaînes trop simples des contradictions, dont on voit rarement les applications. Elle ouvre des espaces de transformation, où les lieux de systèmes métamorphiques sont séparés par des grains de bruit. Des îles séparées par des grains, au hasard.

Soit le schéma suivant :

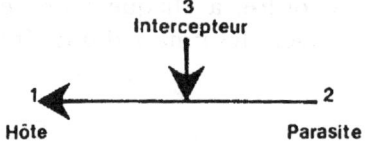

qui est la maille élémentaire de la chaîne parasitaire.

Au cours de la nuit des rats et des ortolans, nous distinguions mal qui était parasite, du rat ou du bruit, en position 2 ou 3. De fait, ils l'étaient tous les deux.

Ici la pluie, en position 3, disparaît un peu de la scène. Les places 1 et 2, visiblement, s'échangent : l'hôte empêche l'hôte de manger. Satyre et passant se parasitent l'un l'autre en passant, à loisir, dans la position 3 d'intercepteur. Les trois positions sont interchangeables, il vaut mieux dessiner le nouveau schéma, qui est une bifurcation :

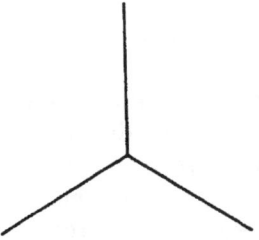

Les trois places y sont équivalentes. Chacun est en ligne avec l'autre et chacun peut jouer le tiers.

Leibniz avait déjà intuitionné cela. En sa *Théodicée*, il raconte soudain quelques histoires de hasard, dont il y a, dit-il, une infinité. Telle circonstance, imprévue et menue, sert à convertir ou à pervertir. Les petites circonstances, aléatoirement distribuées, sont à l'enchaînement des choses ce que les petites perceptions sont au sentiment. Il s'agit, malheureusement, de bifurcations. *Quod vitae sectabor iter* : Hercule va-t-il choisir le chemin de la vertu ou celui du vice ? Au départ, cela fait peu de différence, mais au cours des travaux, cela peut en faire beaucoup. Récrivez donc les douze travaux en supposant que le héros ait choisi la voie du vice. Une pichenette petite suffit souvent à la décision. Pile ou face, ou un livre ouvert au hasard. Voyez les jumeaux polonais, enfants : l'un saisi par les Tartares, vendu aux Turcs, porté à l'apostasie (j'aime ce terme d'apostasie qui, nettoyé de son adhérence ecclésiale, signifie bien : écart à l'équilibre), plongé dans l'impiété, mourant dans le désespoir ; l'autre sauvé par quelque hasard, tombé en de bonnes mains pour être instruit comme il faut, pénétré des plus solides vérités de la religion, mourant avec tous les sentiments d'un bon chrétien. On plaindra le malheur du premier qu'une petite circonstance, peut-être, a empêché de se sauver aussi bien que son frère, et l'on s'étonnera que ce petit hasard ait dû décider de son sort pour l'éternité.

Le scandale est moins de théologie que de logique. La cause est minime et l'effet immense, elle est infinitésimale et il est infini, elle est hasardeuse et il est nécessaire. Et pourtant, il en est ainsi. On ne peut éviter ces inclinaisons, dont les Épicuriens se servaient pour former un monde, que retrouve l'âge classique, et dont nous commençons seulement aujourd'hui à comprendre le fonctionnement. Nous savons enfin que l'ordre, parfois, ne vient que d'un éclat de bruit. Et que la raison se trompe et nous trompe lorsqu'elle en cherche, et trouve, les causes pleines et les raisons entières.

Le scandale est moins de théologie que d'histoire. L'histoire est le lieu des causes pleines sans effet, des effets immenses à raisons futiles, de conséquences fortes à causes légères, d'effets rigoureux à raisons de hasard. Nous savons enfin que cette logique est au travail dans le monde physique et vivant, nous avons à savoir qu'elle est à l'œuvre dans l'histoire. L'histoire est le fleuve des circonstances, et non plus la vieille orbite des mécaniciens, munie de ses conflits, de ses rapports de forces. Nous rencontrons ici l'histoire de Pologne. De la Pologne gémellaire, partagée, en équilibre entre l'Est et l'Ouest, le Nord et le Sud, déchirée entre les puissances, qui font sa damnation en prétendant œuvrer pour sa paradisiaque élection. Ce qui fait le dualisme, ce qui fait la bifurcation des jumeaux polonais, ce n'est pas la Pologne, c'est la rivalité des puissances et la guerre aux idées. Le salut et l'enfer, le bien et le mal, l'erreur et la vérité, les Francs et les Turcs, l'Ouest et les Tartares. La balance pérenne des lignes de bataille. Dès lors, la théorie des transformations se réduit au choix maigre du blanc et du noir, du chaud et du froid, de Dieu ou de Satan, du vrai, du faux. D'où les jumeaux, et ce hasard circonstanciel qui incline au salut plus qu'à la damnation. En fait la gémellité réside à la fois dans l'objet comme dans le sujet. Les jumeaux ne sont pas seulement les enfants polonais, mais aussi les Turcs et les bonnes mains. Pirate tartare ou corsaire anglais, si j'étais du côté de la prise, je ne saurais pas voir la différence. En tout cas, le récit le dit, les deux enfants meurent très vite. Guerre, pillage, mort, où est la conversion, où est la perversion. L'enfer est la séparation du paradis et de l'enfer, le Diable est la bifurcation entre Dieu et le Diable, le mal est le carrefour du bien et du mal, et l'erreur est le dualisme, qui n'oppose que des jumeaux. Leibniz y est plongé : il ne faut pas, de fait, grande inclination pour passer d'un jumeau à l'autre, ou du bien au mal, ou des Turcs aux bons pères. Ils sont plus mêmes qu'autres, et quasi répliqués. Sauvés des violences duales, sauvés du chaud et du froid, soufflés par le satyre et le passant, jumeaux sauvages, il reste la pluralité des systèmes. Où la logique des inclinaisons ou des circonstances est fructueuse. Le grain de bruit, le petit élément au hasard, transforme un système ou un ordre en un autre. Ramener cette altérité à la contradiction, c'est tout réduire à la violence et à la guerre. Ce n'est pas parce que nous sommes une espèce à meurtre que tout se plie à notre loi. L'autre est parfois tout autre. Statue de dieu, puis table, puis cuvette. L'affaire, contée par le philosophe, est moins de théologie, de logique ou d'histoire que de théorie de la guerre. Si j'avais à la conter encore, on y perdrait les doubles et les oppositions, pour le pluriel et les transformations, on y perdrait les Tartares ou Turcs pour une branche d'olivier.

Quand même on a compris la logique duale des échanges et des exclusions, les symétries et les équivalences, les doubles, la violence et les pattes de bouc, l'hôte pour l'hôte et le repas laissé, la rumeur de la pluie sous l'antre, quand même on comprend tout ce qui se passe dans l'espace sauvage des bois, si différent de ce que dit le rat des champs, plutôt des cas de guerre que la paix, quand même on aura compris la naissance de la satire à la table des festins manqués, reste cette figure du chaud et du froid, difficile. Revoyons-la.

Décider, trancher
Le tiers exclu, inclus

Entrait tout à l'heure un passant morfondu. Transi, gelé, perclus, immobile, rendu, c'est le serpent sur la neige étendu, ce jour d'hiver-là. Il ne demandait rien, il hibernait, peut-être. Un manant qui se promenait, chez lui, notez-le bien, dans sa propriété, le ramasse et, rentrant, l'étend le long du feu où tout aussitôt il s'éveille. De l'extérieur à l'intérieur, de l'engourdissement à la vie, et du sommeil à la colère, de l'indifférence à la haine : du froid au chaud.

Le passant demandait asile, gîte et couvert, potage, mets, coucher sous le même toit, c'est bien dit. Demandait mais ne négociait pas, il n'y est pas question de prix, l'hospitalité du satyre est gratuite. Dès lors, le risque est là, au sens très littéral, un hôte est bien à la merci de l'hôte. Au contraire chez le manant, autre rat des champs. Comme l'action est méritoire — la charité, mon bon monsieur —, il y est question d'un loyer. Un loyer, c'est-à-dire un prix pour un lieu, un paiement pour un territoire. Tel est chez lui qui, pourtant, est chez moi, c'est mon locataire : ce double locatif est un nid de guêpes, où l'hospitalité réglée passe maintes fois à l'hostilité. Revenu donc du froid au chaud, l'insecte attaque : ingrat, dit le manant, voilà donc mon salaire !

Mais son compte est mauvais. Le serpent n'est pas locataire, il ne quêtait pas un asile, on lui a répondu sans qu'il ait appelé. On lui a donné sans ouïr son avis. Sans doute il y a don, peut-être il y a dommage. On s'est institué, malgré lui, son bienfaiteur, sauveur et père. Vous dormez bien tranquillement et, à votre réveil, vous voilà débiteur. Vous vivez sans autre besoin et, tout à coup, quelqu'un prétend qu'il a sauvé votre patrie, qu'il défend votre classe, vos intérêts, votre famille et votre table. Et que vous lui devez salaire pour cela, bulletin de vote ou autre grimace. Ainsi le serpent se réveille obligé. De quoi siffler, au moins, de colère. Mais, de plus, le manant se promenait chez lui, puis entre en sa demeure, chez lui, toujours. A ses yeux, il n'a pas changé de territoire. Pour soi, chez soi. Le serpent, au contraire, en change. Il était sans doute à la niche et se réveille à l'étranger. On lui a moins donné un lieu qu'on ne lui a ôté le sien. Autre dommage. De sorte qu'au bilan, le salaire exigé se retourne. Et l'hôte n'est pas aussi hôte qu'il croit. Aussi hospitalier qu'il croit. Sans doute hostile, et c'est là le point chaud. Qui doit payer ?

Le litige est sérieux. Qui est l'hôte, et dans quel sens ? Où est le don et où est le dommage ? Qui est hospitalier, qui est hostile, et c'est encore le même mot, la même chose[1]. Pas de tiers pour juger de ce

---

1. Comprenez ici pourquoi grand chasseur devant l'Éternel, saint Julien converti devient Hospitalier. Je parlerai de ces curieuses chasses.

cas, il est vrai qu'ailleurs le tiers ouvre l'huître et la mange, dévore la belette et le petit lapin, ce qui veut dire assurément qu'il juge, c'est-à-dire qu'il décide, c'est-à-dire qu'il tranche. Comme écuyer tranchant. Nous sommes noyés dans les mots et dans le langage. Hôte est sujet, objet, ami et ennemi. Décidez donc. Oui, tout de suite. Décider, c'est couper. Le manant donc prend sa cognée. Attention : il ne juge pas, attention, ne décide pas, c'est-à-dire ne coupe, attention, il tranche. Trancher, mot médiéval, d'un *trinicare*, du latin populaire, couper en trois. C'est dit : prend sa cognée, il vous tranche la bête, il fait trois serpents de deux coups, un tronçon, la queue et la tête. Je n'aime pas dire : tout condamné à mort à la tête tranchée. Car il n'y a que deux morceaux. Perrin Dandin, lui, tranche correctement l'huître des pèlerins : la gruge et donne à chacun une écaille ; le calcul est exact, il y a trois morceaux, l'argent pour lui, le sac pour un plaideur et les quilles pour l'autre. Ce calcul est-il général ? Quelle est donc la troisième part ? Ou quel est donc ce tiers, dans la logique de la décision tranchante ? Est-il ou n'est-il pas exclu ? Il y a là une logique à trois valeurs, où nous n'en attendions que deux[1]. Le même en tête, l'autre en queue, ou l'être en tête et le non-être en queue, et ce tron-

1. « Vous tous pour qui le Tout est le Chaud et le Froid ou quelque couple de ce genre, que pouvez-vous bien mettre sous ce vocable que vous appliquerez au couple, quand vous dites et que le couple et que chacun de ses termes "est" ? Par ce "est" que voulez-vous nous faire entendre ? Y verrons-nous un troisième terme ajouté aux deux autres, et devrons-nous, selon vous, poser, comme Tout, trois et non plus deux ? » (Platon, *le Sophiste*, autour de 243e.)

çon médian qui est à la fois même et autre, être et non-être et ainsi autant qu'on voudra.

On en peut décider, je crois. Ici La Fontaine, après Phèdre ou Ésope, écrit le point de vue du paysan. Mort aux ingrats. Au moins y comprend-on que la gratitude, dans la logique dure de l'échange, porte risque de vie ou de mort. Je viens d'écrire, à l'opposé, dans la logique du serpent. Qui est l'ingrat des deux, je vous prie? Qui, de vous, accepte d'être déplacé, transporté de son territoire, être l'objet passif du caprice d'un autre, du premier venu promeneur? Qui accepte de remercier, en outre, celui qui décide pour vous? Autant donner de la reconnaissance aux professionnels de la politique. A ceux qui voient, qui considèrent autrui comme s'il était une pierre. Froide. A ceux qui obligent les autres à n'être qu'un objet. Transportable. A ceux qui s'étonnent que l'objet passif, un moment, s'éveille et crache sa colère. Il oublierait tous ses devoirs, celui qui ne sifflerait pas contre ces bienfaiteurs, ces sauveurs et ces pères. Celui qui ne passerait pas, un jour, du froid de la passivité à la chaleur vivante de l'attaque. Quitte à mourir. Tranché.

On peut en décider, disais-je. Soit à chercher un tiers, avant de prendre la cognée. Frappe, mais écoute d'abord. Faisons donc le procès des ingrats, dit la couleuvre dans son sac. Mes jours sont entre tes mains, dit-elle à l'homme, tranche-les, mais sache que l'ingrat, c'est toi. Nous nous en rapportons à la vache, elle juge. Elle dit : je donne à l'homme lait,

enfants, il ne m'a jamais rendu que la mort. Le
bœuf, en tiers jugeant nouveau, dit donner son travail et recevoir des coups en récompense, finir ses
jours sacrifié sur l'autel des divinités. Tous donnent
donc à l'homme, qui ne rend jamais rien. Mais des-
cendons à l'arbre même : il donne le refuge, il
donne l'ornement, des fleurs, des fruits et de
l'ombrage. En retour, pour salaire ou plutôt pour
loyer— car il abrite et fait un territoire— on l'abat.
L'arbre juge que l'homme est ingrat. L'homme tête
la vache, fait labourer le bœuf, fait de l'arbre son
toit, ils ont tous décidé qui est le parasite. C'est
l'homme. Tout est né pour lui, quadrupèdes et gens.
La Fontaine est évhémériste dans sa morale, il est un
peu bien sociologue, ou politique assez pour plaire
au lecteur. Les grands, dit-il, agissent ainsi. Oui,
certes, mais les autres ? Le pasteur de la vache, le
charpentier du toit et le prêtre qui tue le bœuf ne
sont pas de hauts personnages. L'histoire dit cela
sans symbole, sans traduction ni déplacement. Elle
cache que l'homme est parasite universel, que tout,
autour de lui, est espace hôtelier. Animaux, végétaux
sont toujours ses hôtes, au sens de l'accueil,
l'homme est toujours leur invité obligatoire. Toujours prendre, jamais rendre. Il plie en sa faveur la
logique de l'échange et du don, lorsqu'il s'agit de
toute la nature. Lorsqu'il s'agit de ses semblables, il
continue, il voudrait être aussi parasite de l'homme.
Son semblable veut l'être aussi. D'où la rivalité. D'où
cette perception soudaine, foudroyante, de l'huma-
nité animale, d'où le monde bestiaire des fables. Si
mes semblables étaient bœufs, veaux, cochons et
couvées, je pourrais tranquillement conserver avec

eux les rapports que j'ai avec la nature. C'est bien le
rêve reposant de mes contemporains, successeurs et
ancêtres. Toujours prendre, jamais rendre, se mettre
en bonne position dans la logique sans retour. Le
pou est homme pour le loup. Les métaphores se
déplacent, métamorphose.

Repas de lion
La flèche simple

On se souvient de la relation d'ordre et de celui qui joue maximum à la place du roi[1]. Qui occupe ce site reçoit tout et ne donne rien, dans la pratique de l'échange. Cela définit un espace. Où un antre sauvage, encore, est au bord, à l'extrémité. Si j'étais un renard, j'en dirais la raison : je verrais comment on y entre, je ne verrais pas comment on en sort. Tous les flux sont orientés vers la position dite, aucun n'est émis de ce point. Tous les pas imprimés regardent la tanière, aucun ne marque le retour. Schéma rigoureux d'un espace structuré par la relation d'ordre, muni d'un point maximisé. Curieusement, c'est l'endroit du pouvoir, du pouvoir absolu, en l'espèce, ici, celui du lion, c'est la place du roi. Mais c'est aussi un piège et une bouche au bout. Celui qui est si bien placé a le droit de manger les autres. Il s'agit toujours d'un repas, de visiteurs et d'invités. Que donne le lion en échange de sa nourriture ? Rien ? Pas tout à fait rien. Un édit, un écrit, un passeport, des mots et des paroles. Il paie son repas en belles phrases

---

1. « Le Jeu du loup », in *Hermès IV. La distribution*, pp. 89-104.

bien écrites. Et donc il est en position de parasite, de parasite universel. Il faudra bien comprendre un jour pourquoi le plus fort est le parasite, c'est-à-dire, en fait, le plus faible, pourquoi celui qui n'a fonction que de manger commande. Et parle. Nous venons de trouver la place politique.

Pourquoi? Inversez l'espace décrit, vous y verrez le roi devenu vieux encore. Il reçoit, certes, non des visites et du gibier tout cru, mais coup de pied, coup de dent, coup de corne. Il est exclu et sacrifié. Il meurt deux fois du coup de pied de l'âne. Le point maximisé, tout à coup, est minimisé. L'hôte est universel, dans les deux sens, mangeur de tous, mangé par tous.

Les rats, le rustique et le bourgeois, nous ont fait voir que le système des parasites branchés l'un sur l'autre n'est pas si différent d'un système ordinaire. Qui saura jamais si le parasitisme est un obstacle à son fonctionnement ou s'il en est la dynamique même? De la réponse à une telle question dépendent, je le crois, des conduites quotidiennes et générales. Si nous éliminions vraiment ces embouteillages, resterait-il encore une organisation? Le système est-il un ensemble de contraintes pour nos travaux d'optimisation, ou ceux-ci, simplement, produisent-ils celui-là même? La question est, ici, posée globalement.

Dans le cas du lion, elle est posée localement. L'espace est dense de relations d'ordre. Toutes lignes vont dans un sens, aucune à l'inverse. Elles vont, à la lettre, à une embouchure commune : la gueule ouverte du parasite universel. Ou à une misère commune : le dos courbé de la victime universelle. Questions : le roi est-il victime ou parasite, le parasite est-il victime ou roi ? C'est la même question, non point posée au réseau tout entier, mais à un découpage local, à un point singulier du système, sans doute à son *extremum*. C'est la même question, encore, que celle de l'hôte. Mais ici, déjà, on a une idée, rare, de ce que peut être un point de décision : l'antre où on découpe le gibier à belles dents, et où on risque, un jour, le découpage.

L'espace est ensemencé de flèches simples, orientées dans un seul sens.

Repas d'athlète
L'écart et la construction du réel

Il est rare que l'objet d'un éloge vaille à lui seul la peine qu'on y prend. Sauf sans doute les dieux et la maîtresse tendre. La Fontaine ajoute le roi, pour la raison alimentaire. Et donc pour lui, la fable est terminée avant que racontée, il a payé le roi de ce mot, et il mange. Comment chanter l'éloge d'un champion ? Il n'est que ce qu'il est, une fois qu'on a dit qu'il a gagné la course. On ne peut en parler qu'en évoquant les dieux, les géants de la route et les héros des jeux. Ainsi fit Simonide l'Ancien, comme n'importe quel journaliste. Il parla de Castor, il parla de Pollux, ce n'était point une hyperbole, c'est-à-dire exagération, c'était une parabole. Il se jette à côté, dit le fabuliste. Il fait un écart. Nous sommes indéfiniment à côté, preuve en est que le mot parole dérive, je ne sais comment, de cette parabole. Entre mot et chose, un parasite fait qu'on se jette à côté. La parabole étant la parole divine, Castor et Pollux reviennent toujours. Non, je ne puis parler sans dieu ni maîtresse, toujours ici présents dans les écarts de mes paroles. Nul ne parle jamais tout à fait de la chose, c'est écrit dans les livres sérieux, un Gascon

sait cela et un Grec plus encore. On se jette à côté,
pourquoi? Allez savoir. Je n'ai jamais compris vraiment tous les raffinements de la morale du men-
songe ni ce qui se raconte, à cette heure, du
référent. Il faudrait à chaque moment ne parler
qu'algèbre. Simonide parlait, paraboliquement, des
jumeaux. Dioscorides. L'éloge était, comme il se
doit, hors du discours. Les professeurs jugent aussi
les choses hors sujet, preuve qu'ils savent mieux que
moi où passe la frontière. Et le ciseau et le couteau.
Simonide pensait qu'il fallait un exemple. On le
comprendra mieux si l'on sait que son athlète était
un lutteur, et les dieux de la fable jumeaux. Les lutteurs savent bien les forces gémellaires. Ma main, ta
main, ton bras, mon bras, notre équilibre. L'un
gagnera tout justement s'il se jette à côté de cet équilibre. Le double est alors terrassé. Lutte : il y faut des
jumeaux qui s'arc-boutent, il y faut un écart, à la fin
du combat, entre le vainqueur et le vaincu, dessous.
Écart qui peut, à la rigueur, être compté pour parabole. Lutte par conséquent : la parabole des
jumeaux. Et Castor et Pollux, inévitablement, des-
cendent. C'est l'exemple, dit le poète. Il dit bien.
Encore un double et un jumeau, sans doute, muni
de son écart. On sait même une langue où exemple
et champion se disent d'un seul mot. Mieux encore,
l'exemple est un mot dont le préfixe dit l'écart et
dont le noyau dit l'achat, le paiement. Comme s'il
était une manière d'exception à l'échange, ce qu'on
ôte, ce qu'on retire de l'achat. Comme un écart
encore à l'équilibre du paiement, comme une parabole des jumeaux. L'exemple élève les combats, dit
La Fontaine que Simonide a dit. Cette élévation

redit la même chose encore[1]. On n'en finirait pas de
mesurer aux mêmes unités tous les mots employés à
ce calcul de gloire. Je quantifie ce *trop* du début de la
fable.

Or donc Simonide a tranché la chose en dissertant
sur le champion pour une partie tierce, et sur les
Gémeaux dans les autres parties. Un tronçon, la
queue et la tête. Un texte en trois parties est bien
équilibré, dit-on. L'athlète manquait, au moins dans
le poème, de son adversaire, alors que chaque frère y
retrouvait le sien. Les comptes sont exacts, on y
tranche du double sans décider exactement. Un
texte en trois parties, ou dialectique, a la langue
bifide, la tête vipérine. Et son triangle d'émeraude
tire sa langue à double fil. La thèse et l'antithèse
gémellaire, divinement, produisent la synthèse athlé-
tique : elle attend son adversaire ou son double à la
lutte des jeux. Le beau spectacle, en vérité. Où la
mythologie vient engendrer la dialectique.

Simonide vend ce triangle à l'athlète qui n'y
reconnaît qu'un côté. Le devis, le contrat promet-
taient un talent, le champion n'en règle qu'un tiers,
les dieux, dit-il, ont à payer leur publicité. La morale
de cette histoire est un calcul exact, imprenable. Ici

1. J'aime l'exemple, ici, tout près de l'éloge. Je te demande,
dit Socrate au Sophiste, quelques définitions, tu me donnes
éloges et exemples. Socrate dira plus tard qu'il les vend, lui aussi.

l'écart par rapport au devis, par rapport au bilan
comptable, à la balance d'équilibre, reprend la série
des écarts, de la parole-parabole à l'exemple, à la
lutte. Le solde débiteur tient compte de ces tares. Je
quantifie toujours le *trop*, l'athlète le calcule, et la
fable le chiffre.

Mais cette histoire n'est pas close, même si la
morale est déjà comptée. On sait que, les affaires
faites, un festin s'ajoute, comme un supplément, aux
palabres sur les combats, aux signatures des accords.
C'est le repas qui tourne court, c'est le banquet
interrompu, encore, c'est le festin de pierre. Venez
souper chez moi, dit l'Hercule de foire. Non qu'il ait
cru devoir à Simonide, car les comptes sont ajustés,
mais on dit merci, *gracias* ou autrement, on dit merci
très communément quand tout est dit, quand il n'y a
rien de plus à redire sur les accords et les contrats.
On dit encore merci quand tout est fini d'écrire. Ce
parler, ce manger sont outre les écritures. Ce merci
de la gratitude, ce gré gratuit, Simonide ne veut pas
le perdre, outre le dû où il a perdu. Car il y a le dû et
le gré. Ce sont deux logiques et deux économies, et
peut-être deux arts de vivre. Dans la logique et dans
l'économie du droit et de l'avoir, l'échange règne, il
pèse les bilans, et calcule les équilibres, dans la
logique et dans l'économie du gré, de la gratuité,
l'échange n'est pas là, tout simplement. Dans un collectif, domine le dû, dans un autre, le gré circule.
Deux sociétés incomparables. On mange beaucoup
ensemble, dans la deuxième, on s'y invite à des festins, à des repas, à des banquets.

J'ai idée d'une histoire, imperceptiblement indi-
quée par la fable. Chez les hommes d'ici,

d'aujourd'hui, poètes ou lutteurs, connus ou inconnus, le gré arrive après le dû, le festin après le paiement : peut-être qu'il eut peur de perdre, outre son dû, le gré de la louange. L'échange est premier, les festivités, comme on dit, suivent si elles peuvent. Pour les dieux, à l'inverse, le gré passe avant le dû : les Gémeaux apparaissent, miracle, tous deux rendent grâce, d'abord, au poète olympique, et pour prix de ses vers, l'avertissent de tel danger qu'il va courir bientôt. Échange mot pour mot, éloge pour avis. Merci, nous parlons ensuite de remboursement, c'est bien le monde renversé. Il tourne dans un sens, l'histoire va son économie, où l'échange est fondamental, cela est nommé le sens de l'histoire. Il s'arrête un peu, il repart dans le sens inverse, et dans cette histoire, nouvelle, l'échange est produit, après un état antérieur, où tout allait de gré à gré. Cette histoire n'est pas nouvelle, au contraire elle est archaïque, perdue au noir de la mémoire, elle est celle des dieux. Je comprends maintenant pourquoi ils passaient tout leur temps à table, à boire et banqueter. Je comprends maintenant pourquoi le festin fut interrompu. Par le basculement de l'histoire. Par une catastrophe dont je n'ai pas l'idée, encore. Les sociétés du gré ont disparu, on les croyait déjà divines dans l'Antiquité. Elles ont laissé place aux collectifs du doit et de l'avoir. L'histoire du gré n'a laissé que des traces méconnaissables, dans les textes et les monuments. Nous courons, depuis lors, l'histoire économique, le temps à calcul d'échanges, et le rattrapage des tares. Y a-t-il un extérieur à cette histoire ? C'est exactement le sujet de ce livre. Je n'ai pas fini. Quand l'histoire et le temps sont mesurés par le calcul d'échanges et ramenés à lui, je crains fort qu'il y ait, ici et là, des insolvables. Qui n'aient plus à donner que leurs enfants, leurs muscles et leur corps. C'est le temps de la mort, une histoire de mort. Qui n'aient plus à donner que leur vie et leur corps, morceau par morceau. Combien de fois est monté des hommes, à la table des dieux, un chaudron rempli de membres épars? Je n'ai plus à donner que mon approche de la mort, je n'ai plus de change que mon courage de cette ombre, je n'ai plus à écrire que son immédiate proximité. Ce temps, cette histoire s'invaginent au voisinage du néant. Il faut un zéro à leur calcul, il faut un néant à leur métaphysique. Je comprends tout à coup pourquoi les dieux, aux yeux des hommes, passaient pour immortels, je crois savoir au moins ce que l'ambroisie ne contenait pas.

Revenons au festin des hommes, toujours ainsi interrompu. Qui sont les dieux, encore? Ceux qui ne sont jamais interrompus dans leur repas. L'immortel est le convivial continu. Voici donc Simonide, au banquet, il mange et boit son gré, en position, exactement, de parasite. Il s'empiffre et s'enivre pour le gré de ses vers, il a payé en mots les convives choisis et la grande chère. Mais quelqu'un troubla la fête pendant qu'ils étaient en train. A la porte de la salle, ils entendirent du bruit. Le Simonide détale, mais nul autre ne le suit. La cohorte n'en perd pas un seul coup de dent. Elle a tort, car elle va mourir.

Pour la première fois nous savons qui frappe à la porte, qui fait du bruit derrière l'huisserie. Les dieux. Qui font avis qu'on doit déloger, car le ciel va tomber sur les têtes. Les Dioscures détalent, Simonide les suit. Voilà : ils se jettent à côté.

La parole se fait chair. L'écart se fait statique. Un pilier manque, il se jette à côté. Tout se jette à côté, bientôt : la parole-parabole, l'exemple et l'éloge, le dû et le gré, le poète et les dieux, la colonne et l'entablement. Nous calculons toujours le trop. Le trop et le para. Parabole, parasite. Celui-ci paie en paraboles. Ici la liste des écarts, leur dénombrement, rubrique ou recueil.

Un pilier manque et nous passons du logiciel au matériel, du verbe à la chair, à la pierre, de la parole au référent. Qui se venge ? Le divin, le poète ou la chose même ? On n'habite pas longtemps le langage, les mots, sans qu'une fois l'objet revienne, sans que manque un pied soudain. Sans que le réel tombe sur la tête. J'imagine une salle triangulaire, un plafond à trois architraves, cimaises, travées, cela est prévu par le calcul de statique, par le verbe, le logiciel. Que le triclinium ait été carré, la faute d'une colonne pouvait ne pas être un irréparable malheur, le porte-à-faux peut résister. Un pilier manque et le plafond ne trouve plus rien qui l'étaie. Il était à trois poutres, comme l'éloge, sur trois pieds, trois appuis, trois thèses, comme le discours. Deux pour les dieux jumeaux, une pour toi, mortel, qui un jour, une nuit, ou un soir, nous manque. Deux colonnes stables, une instable. Triangle : maille élémentaire de l'équilibre statique, de la distribution de l'espace, de la disposition des sites, de la topologie, de la métrique, de l'arrangement immobile des forces, du syllogisme, du raisonnement. Du matériel, du logiciel. Supprimez un pied du trépied, tout s'écroule, biffez une thèse, un terme, tout s'évanouit. Tout tombe justement sur les pieds de l'athlète, les conviés sont estropiés. On crie au miracle, et le miracle est bien que le même écart se conserve entre les petites énergies et les grandes, que le monde réel soit donc compréhensible. Que la parabole du parasite et la paralysie de l'hôte soient, précisément, parallèles. Demain, l'athlète ainsi que bien des invités se jettent de côté, bancroches. Un pilier leur manque, il y faut un bâton. Comme au vieil Œdipe de la Sphinge. Comme à Héphaïstos. Les boiteux sont découvreurs, l'inclinaison est le début du monde.

On ne loue jamais trop, voici la liste de l'excès, du défaut, de l'écart. Il apparaît dans la logique du raisonnement, dans le calcul, le compte des bilans, il apparaît dans le langage, les mots et le poème, dans la parabole et la paraphrase, il apparaît dans l'ordre, le plan et l'espace, il apparaît dans l'échange et dans la monnaie, le dû et le gré, le salaire à nouveau doublé, le paiement du poète et des dieux, part maudite, il apparaît à l'extrémité de la poutre, au sommet du pilier menaçant, dans le porte-à-faux et l'entablement, il apparaît maintenant aux systèmes physiques, dans l'équilibre difficile de la pierre et du marbre, il apparaît enfin aux systèmes vivants, marcher, courir, comme des estropiés, lutter, jumeaux, jusqu'à ce